职业院校校企"双元"合作电气类专业立体化教材

传感器技术及应用
工作页

主　编　刘文新　葛惠民

机械工业出版社

目　录

项目一　传感器的基础认知 ··· 1
　　任务一　认识传感器 ··· 1
　　任务二　传感器及其组成 ··· 4
　　任务三　测量误差与分析处理 ·· 6

项目二　温度测量 ·· 8
　　任务一　温度测量的一般概念及温度变送器介绍 ··················· 8
　　任务二　金属热电阻及应用 ··· 10
　　任务三　热电偶及应用 ·· 12
　　任务四　双金属温度计及应用 ··· 14
　　任务五　热敏电阻及应用 ·· 16

项目三　压力测量 ·· 19
　　任务一　压力测量的一般概念及压力传感器介绍 ··················· 19
　　任务二　弹簧管压力表及选用 ··· 21
　　任务三　电阻应变式传感器及应用 ·· 23
　　任务四　压电式传感器及应用 ··· 26
　　任务五　差动变压器式传感器及应用 ······································ 28

项目四　流量测量 ·· 30
　　任务一　流量测量的一般概念及流量传感器介绍 ··················· 30
　　任务二　差压式流量计及应用 ··· 32
　　任务三　涡街流量计及应用 ··· 34
　　任务四　电磁流量计及应用 ··· 36
　　任务五　超声波流量计及应用 ··· 38

项目五　物位检测 ·· 40
　　任务一　物位测量的一般概念及物位传感器介绍 ··················· 40
　　任务二　电感式接近开关及应用 ·· 42

任务三　磁性开关及应用 ·· 44

任务四　电容式接近开关及应用 ··· 46

任务五　光电接近开关及应用 ··· 49

任务六　雷达接近开关及应用 ··· 51

项目六　湿度与气体成分测量 ·· 53

任务一　湿度传感器及应用 ·· 53

任务二　气敏传感器及应用 ·· 55

项目一 传感器的基础认知

任务一　认识传感器

任务名称		任务编号	
姓名		实施日期	
小组成员		总成绩	

【任务描述】

传感器在生活中的应用非常广泛，通过此训练，使学生能更好地认识各类传感器，并了解其功用。

【任务目的】

通过查找资料，了解传感器的类别、工作原理和优缺点等。

【任务准备】

提供一些常用传感器图片，如图 1-1 ～图 1-7 所示，通过图片认识各类传感器。

a) 电阻应变式称重传感器

b) 电位计式传感器

c) 压阻式压力传感器

d) 电阻应变计

图 1-1　电阻应变式传感器

a) 电感式压力传感器

b) 电感式接近开关

c) 电涡流位移传感器

图 1-2　电感式传感器

1

a) 电容式指纹传感器

b) 电容式压力变送器

c) 电容式单轴倾角传感器

d) 电容式涡街流量计

图 1-3　电容式传感器

图 1-4　压电式加速度传感器

图 1-5　磁电式振动速度传感器

图 1-6　磁敏式霍尔电流传感器

a) 圆柱式光电传感器

b) 光纤式光电传感器

c) 块状光电传感器

图 1-7　光电式传感器

【任务实施】

1）通过上述图片认识各类传感器。

2）通过查阅文献、上网查阅资料等方法，收集各类传感器的信息。将它们的类别、基本原理、优缺点以及适用范围填入表 1-1。

表 1-1　常见各类传感器信息表

类别	基本原理	优点	缺点	适用范围

【任务总结】

【任务评价】

序号	考核内容	评分标准	配分	得分
1	任务完成情况	传感器类别及基本原理，每错一处扣2～3分	20分	
		各类传感器优缺点和适用范围，若填写与实际不符，每处扣2～3分	15分	
		知识要点与查阅资料，依据答案质量评分	15分	
2	团队协作	团队协作、团队沟通、团队完成情况	10分	
3	课堂表现	主动完成课堂作业，主动回答问题	10分	
		课堂纪律方面，上课睡觉、玩手机或其他违纪行为，每次全组扣5分	20分	
4	职业素养	书写干净整洁，且按照要求查阅资料完成任务	10分	
5	否定项	若未按照要求查阅资料、未完成任务，或胡乱书写，全组本实训为0分，不得参加下一次实训学习		
	总分			

获评等级及评语：（90分以上为优，80～89分为良，70～79分为中，60～69分为合格，60分以下为不合格）

教师签名：
年 月 日

任务二　传感器及其组成

任务名称		任务编号	
姓名		实施日期	
小组成员		总成绩	

【任务描述】

在学习、了解传感器结构、组成及各部分作用的基础上通过技能训练更进一步巩固对传感器的组成及相关知识的学习成效。

【任务目的】

通过酒精浓度报警器套件，认识传感器的组成及各部分的作用。

【任务准备】

酒精浓度报警器套件、酒精浓度报警器说明书、电烙铁、焊锡丝、烙铁架、万用表、导线若干、实训台。

【任务实施】

1）认真阅读酒精浓度报警器电路图，如图 1-8 所示。

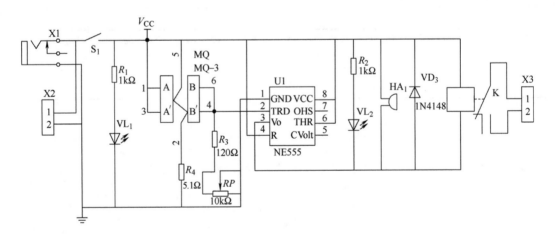

图 1-8　酒精浓度报警器电路图

2）利用万用表检测各元件。

3）按照电路图指示安装各元件。

4）利用工具焊接电路板。

5）完成电路板焊接之后，调试电路，图 1-9 为焊接样品。

图 1-9　酒精浓度报警器焊接样品

6）指出电路中的敏感元件、传感元件和测量转换电路，并说明其作用。

【任务总结】

【任务评价】

序号	考核内容	评分标准	配分	得分
1	任务完成情况	线路连接是否正确，每错一处扣 2～3 分	20 分	
		能否正确操作实训并调试成功，焊接每错一处扣 2～3 分	15 分	
		电路调试方法是否正确，操作是否有误	15 分	
2	团队协作	团队协作、团队沟通、团队完成情况	10 分	
3	课堂表现	主动完成课堂作业，主动回答问题	10 分	
		课堂纪律方面，上课睡觉、玩手机或其他违纪行为，每次全组扣 5 分	20 分	
4	职业素养	无安全事故和危险操作，工作台面整洁，仪器设备的使用规范合理	10 分	
5	否定项	若故意损坏、丢失物品，或出现安全事故，全组本实训为 0 分，不得参加下一次实训学习		
	总分			

获评等级及评语：（90 分以上为优，80～89 分为良，70～79 分为中，60～69 分为合格，60 分以下为不合格）

教师签名：

年　月　日

任务三　测量误差与分析处理

任务名称		任务编号	
姓名		实施日期	
小组成员		总成绩	

【任务描述】

实际测量时，由于测量方法和设备的差异、周围环境的影响以及人们认知能力的限制等因素，使得任何测量都不可能绝对准确，都存在误差。

【任务目的】

通过本训练加深对误差的理解。

【任务准备】

准确度等级为 0.5 级、量程为 0 ～ 300℃和准确度等级为 1.0 级、量程为 0 ～ 100℃的温度计各一支。

【任务实施】

1）用上述两支温度计，分别测量温度为 80℃的水，试问选用哪一支温度计好？为什么？

2）用准确度等级为 0.5 级的温度计测量时可能出现的最大绝对误差为

$$|\Delta x_{m1}| = r_{m1} x_{m1} = 0.5\% \times 300 ℃ = 1.5 ℃$$

测量 80℃水温时可能出现的相对误差为

$$r_{A1} = \frac{\Delta x_{m1}}{x_0} \times 100\% = \frac{1.5}{80} \times 100\% = 1.875\%$$

3）用准确度等级为 1.0 级的温度计测量时可能出现的最大绝对误差为

$$|\Delta x_{m2}| = r_{m2} x_{m2} = 1.0\% \times 100 ℃ = 1.0 ℃$$

测量 80℃水温时可能出现的相对误差为

$$r_{A2} = \frac{\Delta x_{m2}}{x_0} \times 100\% = \frac{1.0}{80} \times 100\% = 1.25\%$$

4）结论：用准确度等级为 1.0 级的温度计测量时示值相对误差小。因此，在选择仪表时，不能只追求高精度。对于同一仪表，所选量程不同，可能产生的最大绝对误差也不同。当仪表准确度等级选定后，测量值越接近满度值时，测量相对误差越小，测量越准确。因此，一般情况下应尽量使指针处在仪表满度值的 2/3 以上区域。

5）练习：已知待测力约为 60N，现有两个测力仪表，一个测力仪表的准确度等级为 0.5 级，测量范围为 0 ～ 500N；另一个测力仪表的准确度等级为 1.0 级，测量范围为 0 ～ 100N。试问选用哪一个测力仪表好？为什么？

【任务总结】

【任务评价】

序号	考核内容	评分标准	配分	得分
1	任务完成情况	误差的计算，每错一处扣 2～3 分	20 分	
		相对误差和绝对误差的计算及依据误差选择仪表，每错一处扣 2～3 分	15 分	
		计算方法与计算过程是否合理正确	15 分	
2	团队协作	团队协作、团队沟通、团队完成情况	10 分	
3	课堂表现	主动完成课堂作业，主动回答问题	10 分	
		课堂纪律方面，上课睡觉、玩手机或其他违纪行为，每次全组扣 5 分	20 分	
4	职业素养	书写干净整洁，且按照要求完成任务	10 分	
5	否定项	若未按照要求计算误差、未完成任务，或胡乱书写，全组本实训为 0 分，不得参加下一次实训学习		
	总分			

获评等级及评语：（90 分以上为优，80～89 分为良，70～79 分为中，60～69 分为合格，60 分以下为不合格）

教师签名：
年　月　日

项目二 温 度 测 量

任务一 温度测量的一般概念及温度变送器介绍

任务名称		任务编号	
姓名		实施日期	
小组成员		总成绩	

【任务描述】

温度是日常生活和工业生产中常见的物理量。为了准确地把测温元件的温度信号转变为电信号，并在仪表上显示出温度值，温度变送器是必不可少的。

【任务目的】

通过查阅资料，了解温度变送器和温度传感器的相关知识。

【任务准备】

提供温度变送器及温度传感器的图片，如图 2-1 ～图 2-4 所示，通过图片识别各类温度传感器。

图 2-1 SBW 型温度变送器

图 2-2 DGW 型温度变送器

图 2-3 热电偶温度传感器

图 2-4 热电阻温度传感器

【任务实施】

1）通过上述图片认识温度变送器和温度传感器。

2）通过查阅文献、上网查阅资料等方法，收集各类温度传感器的信息。将它们的类别、基本原理、优缺点以及适用范围填入表 2-1。

表 2-1 常见各类温度传感器信息表

类别	基本原理	优点	缺点	适用范围

【任务总结】

【任务评价】

序号	考核内容	评分标准	配分	得分
1	任务完成情况	传感器类别及基本原理，每错一处扣 2～3 分	20 分	
		各类传感器优缺点和适用范围，若填写与实际不符，每处扣 2～3 分	15 分	
		知识要点与查阅资料，依据答案质量评分	15 分	
2	团队协作	团队协作、团队沟通、团队完成情况	10 分	
3	课堂表现	主动完成课堂作业，主动回答问题	10 分	
		课堂纪律方面，上课睡觉、玩手机或其他违纪行为，每次全组扣 5 分	20 分	
4	职业素养	书写干净整洁，且按照要求查阅资料完成任务	10 分	
5	否定项	若未按照要求查阅资料、未完成任务，或胡乱书写，全组本实训为 0 分，不得参加下一次实训学习		
	总分			

获评等级及评语：（90 分以上为优，80～89 分为良，70～79 分为中，60～69 分为合格，60 分以下为不合格）

教师签名：

年 月 日

任务二　金属热电阻及应用

任务名称		任务编号	
姓名		实施日期	
小组成员		总成绩	

【任务描述】

工业现场的热电阻都是与温控仪表配合使用，热电阻检测温度变化信号，温控仪显示检测到的温度信号，方便现场人员监控电机状态。

【任务目的】

了解铂热电阻的特性与应用。

【任务准备】

Pt100（2只）、温度源、温度传感器实验模块。

【任务实施】

1）在温度控制实验中，用温度源将温度控制在50℃，在另一个温度传感器插孔中插入另一只铂热电阻温度传感器Pt100。

2）将±15V直流稳压电源接至温度传感器实验模块。温度传感器实验模块的输出U_{o1}接主控台直流电压表。

3）将温度传感器模块上差动放大器的输入端U_i短接，调节电位器RP_3使直流电压表显示为0。

4）按图2-5电路图接线，并将Pt100的2根引线插入温度传感器实验模块中R_t两端（其中颜色相同的两个接线端是短路的）。

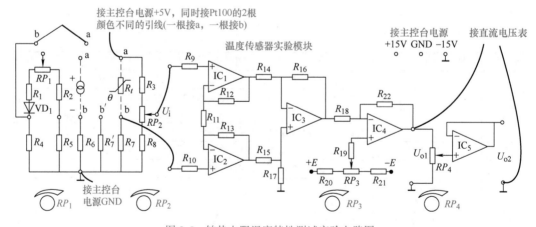

图2-5　铂热电阻温度特性测试实验电路图

5）拿掉短路线，将R_7一端接到差动放大器的输入端U_i，调节平衡电位器RP_2，使模块输出U_{o1}为0。

6）图2-6为实物接线图，其中智能调节仪是用来指示温度，加热源用来给传感器加热，温度传感器实验模块用来转换输出电压，直流电压源和直流电压表用来提供电能和指示输出电压。

图 2-6 铂热电阻温度特性测试实验实物接线图

7）改变温度源的温度，每隔 5℃记下 U_{o1} 的输出值（选择 20V 挡），直到温度升至 120℃，并将实验结果填入表 2-2。

表 2-2 金属热电阻温度 – 电压检测数据表

$t/℃$												
U_{o1}/V												

【任务总结】

【任务评价】

序号	考核内容	评分标准	配分	得分
1	任务完成情况	线路连接是否正确，每错一处扣 2～3 分	20 分	
		能否正确操作实训并测量、记录实验数据，每错一处扣 2～3 分	15 分	
		电路调试方法是否正确，操作是否有误	15 分	
2	团队协作	团队协作、团队沟通、团队完成情况	10 分	
3	课堂表现	主动完成课堂作业，主动回答问题	10 分	
		课堂纪律方面，上课睡觉、玩手机或其他违纪行为，每次全组扣 5 分	20 分	
4	职业素养	无安全事故和危险操作，工作台面整洁，仪器设备的使用规范合理	10 分	
5	否定项	若故意损坏、丢失物品，或出现安全事故，全组本实训为 0 分，不得参加下一次实训学习		
	总分			

获评等级及评语：（90 分以上为优，80～89 分为良，70～79 分为中，60～69 分为合格，60 分以下为不合格）

教师签名：

年 月 日

任务三　热电偶及应用

任务名称		任务编号	
姓名		实施日期	
小组成员		总成绩	

【任务描述】

工业现场的热电偶都是与温控仪表配合使用的，热电偶检测信号，温控仪表显示检测到的温度信号，方便现场人员监控炉体状态。

【任务目的】

了解 K 型热电偶的特性与应用。

【任务准备】

PT100、K 型热电偶、温度源、温度传感器实验模块。

【任务实施】

1）重复 Pt100 温度控制实验，将温度控制在 50℃，在另一个温度传感器插孔中插入 K 型热电偶温度传感器。

2）将 ±15V 直流稳压电源接入温度传感器实验模块中，温度传感器实验模块的输出 U_{o1} 接主控台直流电压表。

3）将温度传感器模块上差动放大器的输入端 U_i 短接，调节电位器 RP_3 使直流电压表显示为 0。

4）拿掉短路线，按图 2-7 电路图接线，并将 K 型热电偶的两根引线，热端（红色）接 a，冷端（绿色）接 b；记录模块输出 U_{o1} 的值。

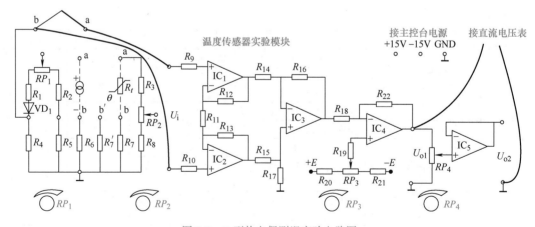

图 2-7　K 型热电偶测温实验电路图

5）图 2-8 为实物接线图，其中智能调节仪用来指示温度，加热源是用来给传感器加热，温度传感器实验模块用来转换输出电压，直流电压源和直流电压表用来提供电能和指示输出电压。

6）改变温度源的温度，每隔 5℃记下 U_{o1} 的值（选择 2V 挡），直到温度升至 120℃。并将实验结果填入表 2-3。

图 2-8　K 型热电偶测温实验实物接线图

表 2-3　热电偶温度 – 电压检测数据表

$t/℃$												
U_{o1}/V												

【任务总结】

【任务评价】

序号	考核内容	评分标准	配分	得分
1	任务完成情况	线路连接是否正确，每错一处扣 2 ~ 3 分	20 分	
		能否正确操作实训并测量、记录实验数据，每错一处扣 2 ~ 3 分	15 分	
		电路调试方法是否正确，操作是否有误	15 分	
2	团队协作	团队协作、团队沟通、团队完成情况	10 分	
3	课堂表现	主动完成课堂作业，主动回答问题	10 分	
		课堂纪律方面，上课睡觉、玩手机或其他违纪行为，每次全组扣 5 分	20 分	
4	职业素养	无安全事故和危险操作，工作台面整洁，仪器设备的使用规范合理	10 分	
5	否定项	若故意损坏、丢失物品，或出现安全事故，全组本实训为 0 分，不得参加下一次实训学习		
	总分			

获评等级及评语：（90 分以上为优，80 ~ 89 分为良，70 ~ 79 分为中，60 ~ 69 分为合格，60 分以下为不合格）

教师签名：

年　月　日

任务四 双金属温度计及应用

任务名称		任务编号	
姓名		实施日期	
小组成员		总成绩	

【任务描述】

工业现场的双金属温度计都是现场显示，由现场岗位工作人员在现场监控即可。如图2-9所示，电接点双金属温度计是利用温度变化时带动触点变化，当其与上下限触点接触或断开时，电路中的继电器动作，从而实现自动控制和报警。双金属温度计主要应用于生产现场对温度需要自动控制和报警的场合，如设定温度大于等于50℃时输出信号或控制其他设备运转。本实训任务利用电接点双金属温度计控制指示灯亮灭。

图2-9 电接点双金属温度计

【任务目的】

了解双金属温度计的工作原理。

【任务准备】

电接点双金属温度计、中间继电器、指示灯、酒精灯、万用表、实训台。

【任务实施】

1）将电接点双金属温度计按图2-10与继电器线圈、24 V电源连接。

2）按图2-11将指示灯与继电器常开触点、24 V电源连接。

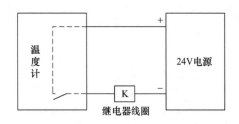

图2-10 电接点双金属温度计接线图

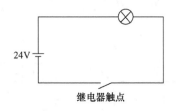

图2-11 继电器接线图

3）利用酒精灯加热，双金属温度计观察温度计指针变化，每隔10℃记录一次，观察实验指示灯的状态，填入表2-4。

表2-4 双金属温度计温度及指示灯状态表

电接点双金属温度计显示数值/℃					
指示灯状态（亮灭）					

4）图2-12为电接点双金属温度计与继电器线圈、24 V电源、指示灯的实物连接图。

按图 2-13 加热双金属温度计，当温度升到一定值时，指示灯发光。

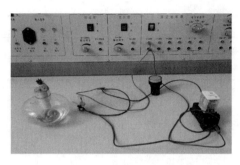

图 2-12　双金属温度计实物接线图

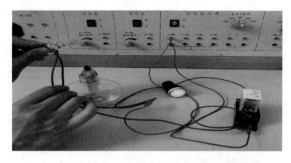

图 2-13　加热双金属温度计

【任务总结】

【任务评价】

序号	考核内容	评分标准	配分	得分
1	任务完成情况	线路连接是否正确，每错一处扣 2～3 分	20 分	
		能否正确操作实训并测量、记录实验数据，每错一处扣 2～3 分	15 分	
		电路调试方法是否正确，操作是否有误	15 分	
2	团队协作	团队协作、团队沟通、团队完成情况	10 分	
3	课堂表现	主动完成课堂作业，主动回答问题	10 分	
		课堂纪律方面，上课睡觉、玩手机或其他违纪行为，每次全组扣 5 分	20 分	
4	职业素养	无安全事故和危险操作，工作台面整洁，仪器设备的使用规范合理	10 分	
5	否定项	若故意损坏、丢失物品，或出现安全事故，全组本实训为 0 分，不得参加下一次实训学习		
	总分			

获评等级及评语：（90 分以上为优，80～89 分为良，70～79 分为中，60～69 分为合格，60 分以下为不合格）

教师签名：

年　月　日

任务五　热敏电阻及应用

任务名称		任务编号	
姓名		实施日期	
小组成员		总成绩	

【任务描述】

热敏电阻在日常生活中有着广泛的应用。通过本实训任务进一步巩固学习正、负温度系数热敏电阻的基本原理、特性与应用。

【任务目的】

1. 了解正温度系数（PTC）热敏电阻的基本原理。

2. 学习正温度系数（PTC）热敏电阻的特性与应用。

【任务准备】

加热源、温度传感器模块、Pt100、PTC 热敏电阻。

【任务实施】

1）重复 Pt100 温度控制实验，从室温开始设置加热源的加热值。

2）将 PTC 热敏电阻插入加热源的另一个插孔，用万用表欧姆挡进行电阻值测量。改变调节仪的设定值从而改变加热源的温度，直到温度升至 120℃，记下 PTC 热敏电阻阻值 R_t，并将实验结果填入表 2-5 中。

表 2-5　热敏电阻温度 – 电阻检测数据表

$t/℃$													
R_t/Ω													

3）如图 2-14 所示，R_t 两端分别和 555 电路的 4 和 6 短接（红色接红色，绿色接绿色），给 555 组成的无稳态多谐振荡电路供电。在热敏电阻温度特性测试电路中，用

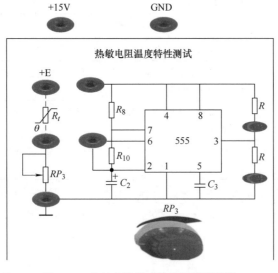

图 2-14　热敏电阻温度特性测试接线图

555 时基集成电路构成温控电路，其输出信号由发光二极管 1（红）、2（绿）显示。PTC 热敏电阻、RP_3 组成分压器。当 PTC 热敏电阻的阻值 R_t 随温度变化而变化时，6 引脚的电动势 E 随之发生变化，$E = \dfrac{RP_3}{R_t + RP_3} \times 9V$。电路工作原理是通过 6 引脚的电动势 E 来触发 555 的输出状态。当 $E > 6V$ 时，发光二极管 2 亮，$E < 3V$ 时，发光二极管 1 亮。

4）图 2-15 所示为实物接线图，其中智能调节仪用来指示温度，加热源用来给传感器加热，温度传感器实验模块是用指示灯来指示温度变化引起的输出电压变化，直流电压源用来提供电能，万用表用来测量热敏电阻的阻值。

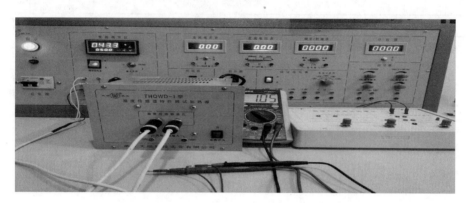

图 2-15 热敏电阻温度特性测试实验实物接线图

5）加热源温度设定范围为 20 ～ 120℃，实验过程中加热源温度不得超过 120℃，否则有可能损坏热敏电阻温度传感器。

【任务总结】

【任务评价】

序号	考核内容	评分标准	配分	得分
1	任务完成情况	线路连接是否正确，每错一处扣 2 ～ 3 分	20 分	
		能否正确操作实训并测量、记录实验数据，每错一处扣 2 ～ 3 分	15 分	
		电路调试方法是否正确，操作是否有误	15 分	
2	团队协作	团队协作、团队沟通、团队完成情况	10 分	

（续）

序号	考核内容	评分标准	配分	得分
3	课堂表现	主动完成课堂作业，主动回答问题	10分	
		课堂纪律方面，上课睡觉、玩手机或其他违纪行为，每次全组扣5分	20分	
4	职业素养	无安全事故和危险操作，工作台面整洁，仪器设备的使用规范合理	10分	
5	否定项	若故意损坏、丢失物品，或出现安全事故，全组本实训为0分，不得参加下一次实训学习		
	总分			

获评等级及评语：（90分以上为优，80～89分为良，70～79分为中，60～69分为合格，60分以下为不合格）

教师签名：

年　月　日

项目三　压力测量

任务一　压力测量的一般概念及压力传感器介绍

任务名称		任务编号	
姓名		实施日期	
小组成员		总成绩	

【任务描述】

压力传感器在日常生活中应用非常广泛，通过本实训任务，进一步了解各种压力传感器的原理和功用。

【任务目的】

通过查阅资料，了解压力传感器的原理、优缺点等。

【任务准备】

提供一些常用压力传感器的图片，如图 3-1 ～图 3-4 所示，通过图片认识各类压力传感器。

a) 电阻应变式称重传感器

b) 压阻式压力传感器

图 3-1　电阻应变式传感器

图 3-2　电感式压力传感器

图 3-3　压电式压力传感器

图 3-4　电容式压力传感器

【任务实施】

1）通过上述图片认识各类压力传感器。

2）通过查阅文献、上网查阅资料等方法，收集各类压力传感器的信息。将它们的类别、基本原理、优缺点以及适用范围填入表 3-1。

表 3-1　常见各类压力传感器信息表

类别	基本原理	优点	缺点	适用范围

【任务总结】

【任务评价】

序号	考核内容	评分标准	配分	得分
1	任务完成情况	传感器类别及基本原理，每错一处扣 2～3 分	20 分	
		各类传感器优缺点和适用范围，若填写与实际不符，每处扣 2～3 分	15 分	
		知识要点与查阅资料，依据答案质量评分	15 分	
2	团队协作	团队协作、团队沟通、团队完成情况	10 分	
3	课堂表现	主动完成课堂作业，主动回答问题	10 分	
		课堂纪律方面，上课睡觉、玩手机或其他违纪行为，每次全组扣 5 分	20 分	
4	职业素养	书写干净整洁，且按照要求查阅资料完成任务	10 分	
5	否定项	若未按照要求查阅资料、未完成任务，或胡乱书写，全组本实训为 0 分，不得参加下一次实训学习		
	总分			

获评等级及评语：（90 分以上为优，80～89 分为良，70～79 分为中，60～69 分为合格，60 分以下为不合格）

教师签名：

年　月　日

任务二 弹簧管压力表及选用

任务名称		任务编号	
姓名		实施日期	
小组成员		总成绩	

【任务描述】

弹簧管压力表适用于测量无爆炸、不结晶、不凝固、对铜和铜合金无腐蚀作用的液体、气体或蒸汽的压力。弹簧管压力表的延伸产品有弹簧管耐振压力表、弹簧管膜盒压力表、弹簧管隔膜压力表、不锈钢弹簧管压力表、弹簧管电接点压力表等。

【任务目的】

通过本实训任务了解弹簧管压力表的测压原理。

【任务准备】

弹簧管压力表、气泵、储气罐、三通连接器、三联件油水分离器和实训台。

图 3-5 弹簧管压力表

【任务实施】

1）观察弹簧管压力表的外形及结构，如图 3-5 所示。

2）将各元件按图 3-6 连接，图 3-7 为实物连接图。

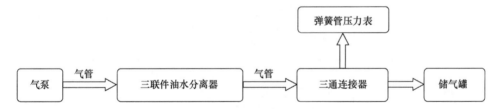

图 3-6 气路连接示意图

图 3-7 气路实物连接图

3）将弹簧管压力表所测压力值填入表 3-2。

表 3-2　弹簧管压力表检测数据表

实验次数	1	2	3	4	5
三联件压力值 /MPa					
弹簧管压力表压力值 /MPa					

【任务总结】

【任务评价】

序号	考核内容	评分标准	配分	得分
1	任务完成情况	线路连接是否正确，每错一处扣 2 ~ 3 分	20 分	
		能否正确操作实训并测量、记录实验数据，每错一处扣 2 ~ 3 分	15 分	
		气路调试方法是否正确，操作是否有误	15 分	
2	团队协作	团队协作、团队沟通、团队完成情况	10 分	
3	课堂表现	主动完成课堂作业，主动回答问题	10 分	
		课堂纪律方面，上课睡觉、玩手机或其他违纪行为，每次全组扣 5 分	20 分	
4	职业素养	无安全事故和危险操作，工作台面整洁，仪器设备的使用规范合理	10 分	
5	否定项	若故意损坏、丢失物品，或出现安全事故，全组本实训为 0 分，不得参加下一次实训学习		
	总分			

获评等级及评语：（90 分以上为优，80 ~ 89 分为良，70 ~ 79 分为中，60 ~ 69 分为合格，60 分以下为不合格）

教师签名：

年　月　日

任务三 电阻应变式传感器及应用

任务名称		任务编号	
姓名		实施日期	
小组成员		总成绩	

【任务描述】

电阻应变式传感器在日常生活中应用广泛。通过本实训任务进一步学习电阻应变式传感器的结构、原理、特性，测量转换电路的连接，以及输出特性。

【任务目的】

了解直流全桥的应用及电阻应变式传感器的工作原理。

【任务准备】

应变式传感器实验模块、托盘、20g 砝码（10 个）。

【任务实施】

1）图 3-8 将双孔悬臂梁式称重应变式传感器安装在应变式传感器实验模块上。

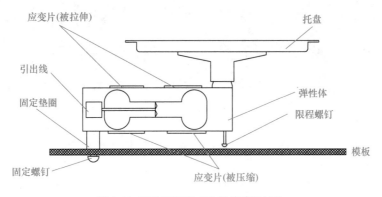

图 3-8　双孔悬臂梁式称重传感器结构

2）差动放大器调零。将主控台的 ±15V 电源接入应变式传感器实验模块，检查无误后，闭合主控台电源开关，将差动放大器的输入端 U_i 短接并与地短接，输出端 U_{o2} 接直流电压表（选择 2V 挡）。将电位器 RP_4 调到增益最大位置（顺时针转到底），调节电位器 RP_3 使电压表显示为 0V。关闭主控台电源（RP_3 的位置确定后不能改动）。

3）按图 3-9 接线，将受力相反（一片受拉，一片受压）的两对应变片（R_1 和 R_2，R_3 和 R_4）分别接入电桥的两边。

4）图 3-10 为实物接线图，应变式传感器实验模块为测量转换电路，实验台提供电能和指示电压输出值。

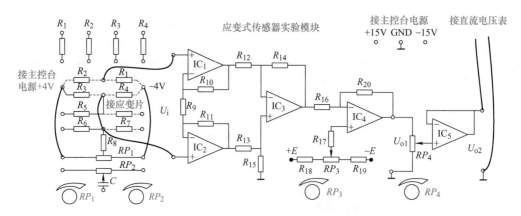

图 3-9　全桥性能测试面板接线图

图 3-10　全桥性能测试实物接线图

5）将 10 个砝码置于传感器的托盘上，调节电位器 RP_4（取样），使直流电压表显示为 0.200V（2V 挡测量）。

6）拿去托盘上的所有砝码，观察直流电压表是否显示为 0.000V，若不为 0，再次将差动放大器调零和加托盘后电桥调零。

7）重复 2）、3）步骤直到精确为止，把电压量纲 V 改为质量量纲 kg 即可以称重。

8）将砝码依次放到托盘上并读取相应的直流电压表，直到 200g 砝码加完，记录实验结果，填入表 3-3。

表 3-3　电阻应变式传感器质量 – 电压检测数据表

质量 /g									
电压 /V									

9）实验结束后，关闭电源，整理好实验设备。

【任务总结】

【任务评价】

序号	考核内容	评分标准	配分	得分
1	任务完成情况	线路连接是否正确，每错一处扣2～3分	20分	
		能否正确操作实训并测量、记录实验数据，每错一处扣2～3分	15分	
		电路调试方法是否正确，操作是否有误	15分	
2	团队协作	团队协作、团队沟通、团队完成情况	10分	
3	课堂表现	主动完成课堂作业，主动回答问题	10分	
		课堂纪律方面，上课睡觉、玩手机或其他违纪行为，每次全组扣5分	20分	
4	职业素养	无安全事故和危险操作，工作台面整洁，仪器设备的使用规范合理	10分	
5	否定项	若故意损坏、丢失物品，或出现安全事故，全组本实训为0分，不得参加下一次实训学习		
	总分			

获评等级及评语：（90分以上为优，80～89分为良，70～79分为中，60～69分为合格，60分以下为不合格）

教师签名：
年 月 日

任务四 压电式传感器及应用

任务名称		任务编号	
姓名		实施日期	
小组成员		总成绩	

【任务描述】

通过本实训任务进一步学习压电式传感器的结构、原理、特性，测量转换电路的连接，以及输入－输出特性。

【任务目的】

了解压电式传感器测量振动的原理和方法。

【任务准备】

振动源、压电式传感器模块、压电式传感器、移相器、相敏检波、低通滤波模块。

【任务实施】

1）将压电式传感器安装在振动梁的圆盘上，如图 3-11 所示。

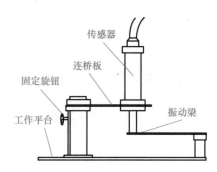

图 3-11 振动源安装示意图

2）将信号源的低频输出接振动源的低频信号输入，并按图 3-12 进行接线，闭合主控台电源开关，调节低频调幅到最大、低频调频到适当位置，使振动梁的振幅逐渐增大。

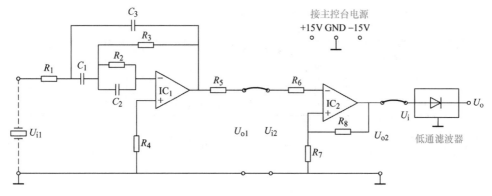

图 3-12 振动源安装电路图

3）将压电式传感器的输出端接到压电式传感器模块的输入端 U_{i1}，U_{o1} 接 U_{i2}，U_{o2} 接低通滤波器输入端 U_i，输出 U_o 接示波器，观察压电式传感器的输出波形 U_o。

4）如图 3-13 为实物接线图，其中实验台为电路提供振动频率，振动源振动，低通滤波器转换信号，示波器指示输出信号。

5）改变低频输出信号的频率，记录振动源不同振动幅度下压电式传感器输出波形的频率和幅值，并由此得出振动系统的共振频率，记入表 3-4。

图 3-13 压电式传感器测量振动实物接线图

表 3-4 压电式传感器输出波形的频率和幅值表

振动频率 /Hz	10.0	10.2	10.4	10.6	10.8	11.0	11.2	11.4	11.6	11.8
V_{p-p}/V										

【任务总结】

【任务评价】

序号	考核内容	评分标准	配分	得分
1	任务完成情况	线路连接是否正确，每错一处扣 2～3 分	20 分	
		能否正确操作实训并测量、记录实验数据，每错一处扣 2～3 分	15 分	
		电路调试方法是否正确，操作是否有误	15 分	
2	团队协作	团队协作、团队沟通、团队完成情况	10 分	
3	课堂表现	主动完成课堂作业，主动回答问题	10 分	
		课堂纪律方面，上课睡觉、玩手机或其他违纪行为，每次全组扣 5 分	20 分	
4	职业素养	无安全事故和危险操作，工作台面整洁，仪器设备的使用规范合理	10 分	
5	否定项	若故意损坏、丢失物品，或出现安全事故，全组本实训为 0 分，不得参加下一次实训学习		
	总分			

获评等级及评语:（90 分以上为优，80～89 分为良，70～79 分为中，60～69 分为合格，60 分以下为不合格）

教师签名:

年 月 日

任务五　差动变压器式传感器及应用

任务名称		任务编号	
姓名		实施日期	
小组成员		总成绩	

【任务描述】

差动变压器式传感器可以直接用于位移测量，也可以测量与位移有关的任何机械量，如振动、加速度、应变、比重、张力和厚度等。

【任务目的】

了解差动变压器式传感器的原理。

【任务准备】

差动变压器实验模块、千分尺、差动变压器（即差动电感式传感器）、移相器/相敏检波/低通滤波模块。

【任务实施】

1）按图 3-14 差动变压器安装图将差动变压器安装在差动变压器实验模块上，将传感器引线插入实验模块插座中。

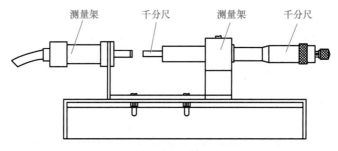

图 3-14　差动变压器安装图

2）连接主控台与实验模块电源线，按图 3-15 连线组成测试系统，两个二次绕组必须接成差动状态。

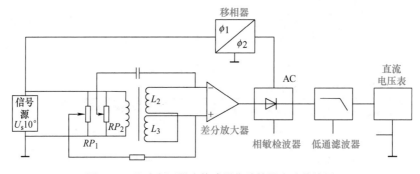

图 3-15　差动变压器式传感器位移特性实验接线图

3）使差动变压器的铁心偏向一边，使差分放大器有一个较大的输出，调节移相器使输入、输出同向或者反向，然后调节差动变压器铁心到中间位置，使差分放大器输出波形最小。

4）调节 RP_1 和 RP_2 使电压表显示为 0，当衔铁在线圈中左、右位移时，$L_2 \neq L_3$，电桥失衡，输出电压信号的大小与衔铁位移量成比例。

5）图 3-16 为差动变压器式传感器实物接线图，实验台提供电能和显示输出电压，通过移相、检波、滤波电路进行信号转换。

6）以衔铁位置居中为起点，分别向左、向右各位移 5mm，记录 U_o、x 值并填入表 3-5（每位移 0.5mm 记录一个数值）。

图 3-16　差动变压器式传感器位移特性
实物接线图

表 3-5　差动变压器式传感器位移 – 电压检测数据表

x/mm															
U_o/V															

【任务总结】

【任务评价】

序号	考核内容	评分标准	配分	得分
1	任务完成情况	线路连接是否正确，每错一处扣 2～3 分	20 分	
		能否正确操作实训并测量、记录实验数据，每错一处扣 2～3 分	15 分	
		电路调试方法是否正确，操作是否有误	15 分	
2	团队协作	团队协作、团队沟通、团队完成情况	10 分	
3	课堂表现	主动完成课堂作业，主动回答问题	10 分	
		课堂纪律方面，上课睡觉、玩手机或其他违纪行为，每次全组扣 5 分	20 分	
4	职业素养	无安全事故和危险操作，工作台面整洁，仪器设备的使用规范合理	10 分	
5	否定项	若故意损坏、丢失物品，或出现安全事故，全组本实训为 0 分，不得参加下一次实训学习		
	总分			

获评等级及评语：（90 分以上为优，80～89 分为良，70～79 分为中，60～69 分为合格，60 分以下为不合格）

教师签名：
年　月　日

项目四 流量测量

任务一 流量测量的一般概念及流量传感器介绍

任务名称		任务编号	
姓名		实施日期	
小组成员		总成绩	

【任务描述】

在生产过程中，为了有效地指导生产操作、监视和控制生产过程，必须进行流量测量。流量测量在日常生活中也经常遇到，如气、水、油的消耗量都直接采用流量来计量。

【任务目的】

通过查阅资料，了解各类流量传感器的类型、原理和优缺点等。

【任务准备】

提供一些常用流量传感器图片，如图 4-1 所示，通过图片认识各类流量传感器。

a) 检测流量传感器　　b) 探测流量传感器　　c) 煤气流量传感器　　d) 涡街流量传感器　　e) 水流量传感器

图 4-1　各种流量传感器

【任务实施】

1）通过上述图片认识流量传感器。

2）通过查阅文献、上网查阅资料等方法，收集各类流量传感器的信息。将它们的类别、基本原理、优缺点以及适用范围填入表 4-1。

表 4-1　常见各类流量传感器信息表

类别	基本原理	优点	缺点	适用范围

【任务总结】

【任务评价】

序号	考核内容	评分标准	配分	得分
1	任务完成情况	传感器类别及基本原理，每错一处扣 2～3 分	20 分	
		各类传感器优缺点和适用范围，若填写与实际不符，每处扣 2～3 分	15 分	
		知识要点与查阅资料，依据答案质量评分	15 分	
2	团队协作	团队协作、团队沟通、团队完成情况	10 分	
3	课堂表现	主动完成课堂作业，主动回答问题	10 分	
		课堂纪律方面，上课睡觉、玩手机或其他违纪行为，每次全组扣 5 分	20 分	
4	职业素养	书写干净整洁，且按照要求查阅资料完成任务	10 分	
5	否定项	若未按照要求查阅资料、未完成任务，或胡乱书写，全组本实训为 0 分，不得参加下一次实训学习		
	总分			

获评等级及评语：（90 分以上为优，80～89 分为良，70～79 分为中，60～69 分为合格，60 分以下为不合格）

教师签名：
　　　　　年　月　日

任务二　差压式流量计及应用

【任务描述】

要检测流量，必须有流动的气体或液体。本实训任务用空气作为检测介质，用气泵使空气流动；把孔板安装在管道中，向管道打压，观察差压变送器是否有数值显示，观察差压式流量积算仪能否显示数值。

【任务目的】

了解孔板流量计的特性与应用。

【任务准备】

孔板、差压变送器、三阀组、流量积算仪、气泵、实训台。

【任务实施】

1）按图 4-2 连接孔板与三阀组，并与差压变送器连接。

2）差压变送器与流量积算仪连接，即流量积算仪给差压变送器供 DC 24V 电源。

3）给流量积算仪及差压变送器送电。观察差压变送器显示屏上是否有显示，观察流量积算仪显示数值。

4）用气泵向管道内打压，使空气在管道内流动。观察差压变送器是否有数值显示，记录差压变送器及流量积算仪数值，记录 5 次，填入表 4-2。

图 4-2　流量测量组件

表 4-2　差压变送器及流量积算仪数值记录表

实验次数	1	2	3	4	5
差压变送器数值					
流量积算仪数值					

【任务总结】

【任务评价】

序号	考核内容	评分标准	配分	得分
1	任务完成情况	线路仪表连接是否正确，每错一处扣 2～3 分	20 分	
		能否正确操作实训并测量、记录实验数据，每错一处扣 2～3 分	15 分	
		电路调试方法是否正确，操作是否有误	15 分	
2	团队协作	团队协作、团队沟通、团队完成情况	10 分	
3	课堂表现	主动完成课堂作业，主动回答问题	10 分	
		课堂纪律方面，上课睡觉、玩手机或其他违纪行为，每次全组扣 5 分	20 分	
4	职业素养	无安全事故和危险操作，工作台面整洁，仪器设备的使用规范合理	10 分	
5	否定项	若故意损坏、丢失物品，或出现安全事故，全组本实训为 0 分，不得参加下一次实训学习		
	总分			

获评等级及评语：（90 分以上为优，80～89 分为良，70～79 分为中，60～69 分为合格，60 分以下为不合格）

教师签名：

年 月 日

任务三　涡街流量计及应用

任务名称		任务编号	
姓名		实施日期	
小组成员		总成绩	

【任务描述】

用空气作为检测介质，用气泵使空气流动；把涡街流量计安装在管道中，向管道打压，观察显示仪表是否有数值显示。

【任务目的】

了解涡街流量计的特性与应用。

【任务准备】

涡街流量计、DC 24V 电源。

【任务实施】

1）按图 4-3 把涡街流量计安装在管道上。

2）连接涡街流量计、送电。观察显示仪表是否有数值显示。

3）用气泵向管道内打压，使空气在管道内流动。观察涡街流量计显示仪表是否有数值显示数值。记录实验数据于表 4-3 中，分 5 个时间记录 5 次。

图 4-3　涡街流量计检测

表 4-3　涡街流量计实验数据表

实验次数	1	2	3	4	5
涡街流量计数值					

【任务总结】

【任务评价】

序号	考核内容	评分标准	配分	得分
1	任务完成情况	线路仪表连接是否正确，每错一处扣 2～3 分	20 分	
		能否正确操作实训并测量、记录实验数据，每错一处扣 2～3 分	15 分	
		电路调试方法是否正确，操作是否有误	15 分	

（续）

序号	考核内容	评分标准	配分	得分
2	团队协作	团队协作、团队沟通、团队完成情况	10分	
3	课堂表现	主动完成课堂作业，主动回答问题	10分	
		课堂纪律方面，上课睡觉、玩手机或其他违纪行为，每次全组扣5分	20分	
4	职业素养	无安全事故和危险操作，工作台面整洁，仪器设备的使用规范合理	10分	
5	否定项	若故意损坏、丢失物品，或出现安全事故，全组本实训为0分，不得参加下一次实训学习		
	总分			

获评等级及评语：（90分以上为优，80～89分为良，70～79分为中，60～69分为合格，60分以下为不合格）

教师签名：

年 月 日

任务四 电磁流量计及应用

任务名称		任务编号	
姓名		实施日期	
小组成员		总成绩	

【任务描述】

用水作为检测介质，用水泵使水流动；把电磁流量计安装在管道中，向管道打压，使水在管道中流动，观察显示仪表是否显示数值。

【任务目的】

了解电磁流量计的特性与应用。

【任务准备】

一体化电磁流量计、AC 220V 电源。

【任务实施】

1）按图 4-4 将电磁流量计安装在管道上。

2）连接电磁流量计、送电。观察显示仪表是否有数值显示。

3）用水泵向管道内打压，使水在管道内流动。观察电磁流量计显示仪表是否有数值显示。记录实验数据于表 4-4 中，分 5 个时间记录 5 次。

图 4-4 电磁流量计实验

表 4-4 电磁流量计实验数据表

实验次数	1	2	3	4	5
电磁流量计数值					

【任务总结】

【任务评价】

序号	考核内容	评分标准	配分	得分
1	任务完成情况	线路仪表连接是否正确，每错一处扣 2～3 分	20 分	
		能否正确操作实训并测量、记录实验数据，每错一处扣 2～3 分	15 分	
		电路调试方法是否正确，操作是否有误	15 分	

（续）

序号	考核内容	评分标准	配分	得分
2	团队协作	团队协作、团队沟通、团队完成情况	10分	
3	课堂表现	主动完成课堂作业，主动回答问题	10分	
		课堂纪律方面，上课睡觉、玩手机或其他违纪行为，每次全组扣5分	20分	
4	职业素养	无安全事故和危险操作，工作台面整洁，仪器设备的使用规范合理	10分	
5	否定项	若故意损坏、丢失物品，或出现安全事故，全组本实训为0分，不得参加下一次实训学习		
	总分			

获评等级及评语：（90分以上为优，80～89分为良，70～79分为中，60～69分为合格，60分以下为不合格）

教师签名：

年　月　日

任务五　超声波流量计及应用

任务名称		任务编号	
姓名		实施日期	
小组成员		总成绩	

【任务描述】

　　工业现场的超声波流量计通过在一定的距离内测量发射和接收的时间来测出液体的流量，也可以在空气中用超声波发射速度来测量距离，工作原理相同。本实训任务内容为超声波测距仪应用。

【任务目的】

　　了解超声波测距仪的特性与应用。

【任务准备】

　　超声波测距仪套件、电烙铁、焊锡、电源。

【任务实施】

　　1）辨认各散件，找出各自在电路板上的对应位置，图4-5为超声波测距仪套件。

　　2）把散件焊接在电路板上。

　　3）检查线路无误后，给超声波测距仪送电。

图 4-5　超声波测距仪套件

　　4）分别对应各物体，观察显示仪表上是否有距离显示，将实验数据记入表4-5。

表 4-5　距离检测数据记录表

实验次数	1	2	3	4	5
距离 /m					

【任务总结】

【任务评价】

序号	考核内容	评分标准	配分	得分
1	任务完成情况	线路仪表连接是否正确，每错一处扣2～3分	20分	
		能否正确操作实训并测量、记录实验数据，每错一处扣2～3分	15分	
		电路调试方法是否正确，操作是否有误	15分	
2	团队协作	团队协作、团队沟通、团队完成情况	10分	
3	课堂表现	主动完成课堂作业，主动回答问题	10分	
		课堂纪律方面，上课睡觉、玩手机或其他违纪行为，每次全组扣5分	20分	
4	职业素养	无安全事故和危险操作，工作台面整洁，仪器设备的使用规范合理	10分	
5	否定项	若故意损坏、丢失物品，或出现安全事故，全组本实训为0分，不得参加下一次实训学习		
	总分			

获评等级及评语：（90分以上为优，80～89分为良，70～79分为中，60～69分为合格，60分以下为不合格）

教师签名：

年　月　日

项目五 物位检测

任务一　物位测量的一般概念及物位传感器介绍

任务名称		任务编号	
姓名		实施日期	
小组成员		总成绩	

【任务描述】

接近传感器具有使用寿命长、工作可靠、重复定位精度高、无机械磨损、无火花、无噪声、抗振能力强等特点。在自动控制系统中，接近传感器可作为限位、计数、定位控制和自动保护环节，广泛应用于机床、冶金、化工、轻纺和印刷等行业。

【任务目的】

通过查阅资料，了解各类物位传感器的原理、优缺点等。

【任务准备】

提供一些常用物位传感器图片，如图 5-1 ～图 5-6 所示，通过图片认识各类物位传感器。

图 5-1　超声波接近开关

图 5-2　电感式接近开关

图 5-3　霍尔式接近开关

图 5-4　电容式接近开关

图 5-5　光电接近开关

图 5-6　热释电红外接近开关

【任务实施】

1）通过上述图片认识各类物位传感器。

2）通过查阅文献、上网查阅资料等方法，收集各类物位传感器的信息。将它们的类别、基本原理、优缺点以及适用范围填入表 5-1。

表 5-1 常见各类物位传感器信息表

类别	基本原理	优点	缺点	适用范围

【任务总结】

【任务评价】

序号	考核内容	评分标准	配分	得分
1	任务完成情况	传感器类别及基本原理，每错一处扣 2～3 分	20 分	
		各类传感器优缺点和适用范围，若填写与实际不符，每处扣 2～3 分	15 分	
		知识要点与查阅资料，依据答案质量评分	15 分	
2	团队协作	团队协作、团队沟通、团队完成情况	10 分	
3	课堂表现	主动完成课堂作业，主动回答问题	10 分	
		课堂纪律方面，上课睡觉、玩手机或其他违纪行为，每次全组扣 5 分	20 分	
4	职业素养	书写干净整洁，且按照要求查阅资料完成任务	10 分	
5	否定项	若未按照要求查阅资料、未完成任务，或胡乱书写，全组本实训为 0 分，不得参加下一次实训学习		
	总分			

获评等级及评语：（90 分以上为优，80～89 分为良，70～79 分为中，60～69 分为合格，60 分以下为不合格）

教师签名：
年 月 日

任务二　电感式接近开关及应用

任务名称		任务编号	
姓名		实施日期	
小组成员		总成绩	

【任务描述】

学习电涡流传感器在测量转速方面的应用；根据电涡流传感器对不同材质的被测物输出不同及其静态位移特性，选择合适的工作点即可测量转速。

【任务目的】

了解电涡流传感器测量转速的原理与方法。

【任务准备】

电涡流传感器、转动源、电涡流传感器实验模块。

【任务实施】

1）按图 5-7 将电涡流传感器安装到转动源传感器支架上，引出线接电涡流传感器实验模块。

2）闭合主控台电源，选择不同电源 +8V、+10V、12V（±6V）、16V（±8V）、20V（±10V）、24V 驱动转动源，观察转动源转速的变化，待转速稳定后，记录驱动电压对应的转速，填入表 5-2。

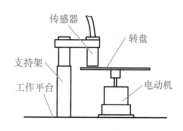

图 5-7　电涡流传感器安装示意图

表 5-2　电涡流传感器电压 – 转速数据记录表

电压 /V	8	10	12	16	20	24
转速 /（r/min）						

3）图 5-8 为电涡流传感器测量转速实物接线图，其中转动源提供转速，电涡流实验模块进行信号转换，实验台提供电能和指示转速。

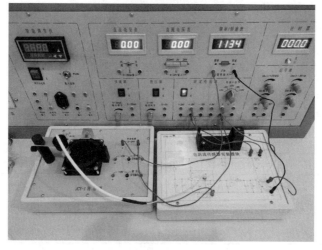

图 5-8　电涡流传感器测量转速实物接线图

【任务总结】

【任务评价】

序号	考核内容	评分标准	配分	得分
1	任务完成情况	线路连接是否正确，每错一处扣 2～3 分	20 分	
		能否正确操作实训并测量、记录实验数据，每错一处扣 2～3 分	15 分	
		电路调试方法是否正确，操作是否有误	15 分	
2	团队协作	团队协作、团队沟通、团队完成情况	10 分	
3	课堂表现	主动完成课堂作业，主动回答问题	10 分	
		课堂纪律方面，上课睡觉、玩手机或其他违纪行为，每次全组扣 5 分	20 分	
4	职业素养	无安全事故和危险操作，工作台面整洁，仪器设备的使用规范合理	10 分	
5	否定项	若故意损坏、丢失物品，或出现安全事故，全组本实训为 0 分，不得参加下一次实训学习		
总分				

获评等级及评语:（90 分以上为优，80～89 分为良，70～79 分为中，60～69 分为合格，60 分以下为不合格）

教师签名:

年 月 日

任务三　磁性开关及应用

任务名称		任务编号	
姓名		实施日期	
小组成员		总成绩	

【任务描述】

学习磁性接近开关的结构、原理、特性，测量转换电路的连接以及输出特性。利用霍尔效应表达式：$U_H = K_H IB$，当被测圆盘上装有 N 只磁性体时，转盘每转一周磁场变化 N 次，每转一周霍尔电动势就同频率相应变化，输出电动势通过放大、整形和计数电路就可以测出被测物体的转速。

【任务目的】

了解霍尔元件的应用——测量转速。

【任务准备】

实验台、霍尔元件、支架、磁钢等。

【任务实施】

1）按图 5-9 将霍尔元件安装于传感器支架上，使霍尔元件正对着转盘上的磁钢。

2）将 +5V 电源接到转动源上"霍尔"输出的电源端，"霍尔"输出接到频率 / 转速表（切换到测转速位置）。

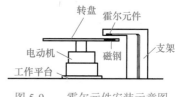

图 5-9　霍尔元件安装示意图

3）图 5-10 为霍尔元件测量转速的实物接线图，其中转动源中的蓝色小块是霍尔元件。

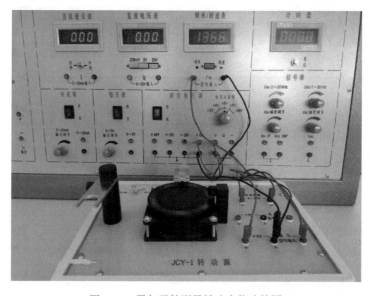

图 5-10　霍尔元件测量转速实物连接图

4）打开主控台电源，选择不同电源 +8V、+10V、12V（±6）、16V（±8）、20V（±10）、24V 驱动转动源，观察转动源转速的变化，待转速稳定后记录相应驱动电压下得到的转速值。也可用示波器观测霍尔元件输出的脉冲波形，并将频率/转速表的读数记录在表 5-3 中。

表 5-3 霍尔元件电压–转速数据记录表

电压 /V	8	10	12	16	20	24
转速 /（r/min）						

【任务总结】

【任务评价】

序号	考核内容	评分标准	配分	得分
1	任务完成情况	线路连接是否正确，每错一处扣 2～3 分	20 分	
		能否正确操作实训并测量、记录实验数据，每错一处扣 2～3 分	15 分	
		电路调试方法是否正确，操作是否有误	15 分	
2	团队协作	团队协作、团队沟通、团队完成情况	10 分	
3	课堂表现	主动完成课堂作业，主动回答问题	10 分	
		课堂纪律方面，上课睡觉、玩手机或其他违纪行为，每次全组扣 5 分	20 分	
4	职业素养	无安全事故和危险操作，工作台面整洁，仪器设备的使用规范合理	10 分	
5	否定项	若故意损坏、丢失物品，或出现安全事故，全组本实训为 0 分，不得参加下一次实训学习		
	总分			

获评等级及评语：（90 分以上为优，80～89 分为良，70～79 分为中，60～69 分为合格，60 分以下为不合格）

教师签名：
年 月 日

任务四　电容式接近开关及应用

任务名称		任务编号	
姓名		实施日期	
小组成员		总成绩	

【任务描述】

电容式传感器是指能将被测物理量的变化转换为电容量变化的一种传感器，它实质上是具有一个可变参数的电容器。利用平板电容器原理，可得

$$C = \frac{\varepsilon S}{d} = \frac{\varepsilon_0 \varepsilon_r S}{d}$$

式中，S 为极板面积；d 为极板间距离；ε_0 为真空介电常数；ε_r 为介质相对介电常数。可以看出，当被测物理量使 S、d 或 ε_r 发生变化时，电容量 C 将随之发生改变；如果保持其中两个参数不变而仅改变另一参数，就可以将该参数的变化单值转换为电容量的变化。所以，电容式传感器可以分为三种类型：改变极间距离的变间隙式、改变极板面积的变面积式和改变介电常数的变介电常数式。

本实训任务以变面积式电容式传感器为例，进一步学习电容式传感器的结构、原理和特性。图 5-11 为两只平板电容器共享一个下极板，当下极板随被测物体移动时，两只电容器上下极板的有效面积一只增大、一只减小，将三个极板用导线引出，即可形成差动电容输出。

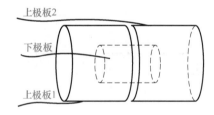

图 5-11　电容式传感器结构示意图

【任务目的】

了解电容式传感器的结构及特点。

【任务准备】

电容式传感器、电容式传感器实验模块、千分尺、绝缘护套。

【任务实施】

1）按图 5-12 将电容式传感器安装在电容式传感器实验模块上，将传感器引线插入实验模块插座中。

2）将电容传感器实验模块的输出 U_o 接到直流电压表。

3）接入 ±15V 电源，闭合主控台电源开关，将 RP 逆时针调到底，然后顺时针调节 5 圈，调节千分尺使得直流电压表显示为 0（选择 2V 挡，RP 确定后不能改动）。

4）图 5-13 为电容式传感器位移测量实物接线图，千分尺用来指示位移量，电容式传感器实验模块用来转换信号，实验台用来指示输出电压。

5）旋动千分尺推进电容式传感器的共享极板（下极板），每隔 0.2mm 记录位移量 x 与输出电压值 U_o 的变化，填入表 5-4。

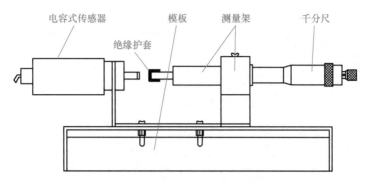

图 5-12　电容式传感器安装示意图

图 5-13　电容式传感器位移测量实物接线图

表 5-4　电容式传感器位移 – 电压数据表

x/mm										
U_o/mV										

【任务总结】

【任务评价】

序号	考核内容	评分标准	配分	得分
1	任务完成情况	线路连接是否正确，每错一处扣2～3分	20分	
		能否正确操作实训并测量、记录实验数据，每错一处扣2～3分	15分	
		线路调试方法是否正确，操作是否有误	15分	
2	团队协作	团队协作、团队沟通、团队完成情况	10分	
3	课堂表现	主动完成课堂作业，主动回答问题	10分	
		课堂纪律方面，上课睡觉、玩手机或其他违纪行为，每次全组扣5分	20分	
4	职业素养	无安全事故和危险操作，工作台面整洁，仪器设备的使用规范合理	10分	
5	否定项	若故意损坏、丢失物品，或出现安全事故，全组本实训为0分，不得参加下一次实训学习		
	总分			

获评等级及评语：（90分以上为优，80～89分为良，70～79分为中，60～69分为合格，60分以下为不合格）

教师签名：
年 月 日

任务五 光电接近开关及应用

任务名称		任务编号	
姓名		实施日期	
小组成员		总成绩	

【任务描述】

通过本实训任务进一步学习光电接近开关的结构、原理和特性。光电转速传感器有反射型和透射型两种，本实验装置为透射型，传感器端部有发光管和光电池，发光管发出的光源通过转盘上的孔透射到光电池上，并转换成电信号，由于转盘上有等间距的 6 个透射孔，转动时将获得与转速及透射孔数有关的电脉冲，将电脉冲计数处理即可得到转速值。

【任务目的】

了解光电转速传感器测量转速的原理及方法。

【任务准备】

转动源、实验台、万用表、光电传感器。

【任务实施】

1）将光电传感器按图 5-14 安装在转动源上。+5V 电源接到转动源"光电"输出的电源端，光电输出接到频率 /转速表的"f/n"。

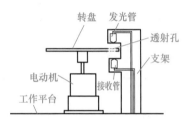

图 5-14 光电传感器安装示意图

2）图 5-15 为光电传感器测量转速实物接线图，当转动源中的圆盘开始转动时，信号传输到实验台速度计，即可测出转速。

图 5-15 光电传感器测量转速实物接线图

3）打开主控台电源开关，用不同的电源驱动转动源转动，记录不同驱动电压对应的转速，填入表 5-5，同时可通过示波器观察光电传感器的输出波形。

表 5-5　光电传感器电压 – 转速数据表

驱动电压 /V	8	10	12	16	20	24
转速 /（r/min）						

【任务总结】

【任务评价】

序号	考核内容	评分标准	配分	得分
1	任务完成情况	线路连接是否正确，每错一处扣 2～3 分	20 分	
		能否正确操作实训并测量、记录实验数据，每错一处扣 2～3 分	15 分	
		电路调试方法是否正确，操作是否有误	15 分	
2	团队协作	团队协作、团队沟通、团队完成情况	10 分	
3	课堂表现	主动完成课堂作业，主动回答问题	10 分	
		课堂纪律方面，上课睡觉、玩手机或其他违纪行为，每次全组扣 5 分	20 分	
4	职业素养	无安全事故和危险操作，工作台面整洁，仪器设备的使用规范合理	10 分	
5	否定项	若故意损坏、丢失物品，或出现安全事故，全组本实训为 0 分，不得参加下一次实训学习		
	总分			

获评等级及评语：（90 分以上为优，80～89 分为良，70～79 分为中，60～69 分为合格，60 分以下为不合格）

教师签名：
年　月　日

任务六　雷达接近开关及应用

任务名称		任务编号	
姓名		实施日期	
小组成员		总成绩	

【任务描述】

通过本实训任务进一步学习雷达接近开关的结构、原理和特性。雷达接近开关也称微波感应开关，是利用多普勒效应原理设计的移动物体探测器。它以非接触方式探测物体的位置是否发生移动，继而产生相应的开关操作。

【任务目的】

了解雷达接近开关的特性与应用。

【任务准备】

微波感应开关、信号灯、连接导线、断路器、万用表、实训台。

【任务实施】

1）认真观察微波感应开关，如图 5-16 所示。结合雷达接近开关的基本知识，识别微波感应开关的类型及导线颜色的接法。

2）按图 5-17 电路图连接电路，完成控制和信号灯的电路连接。

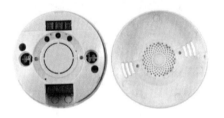

图 5-16 · 微波感应开关

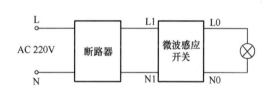

图 5-17　微波感应开关训练电路图

3）完成接线后，观察实验现象。

① 被测物体在微波感应开关的检测范围内不断移动，观察信号灯的亮灭。

② 被测物体在微波感应开关的检测范围内静止不动，观察信号灯的亮灭。

【任务总结】

【任务评价】

序号	考核内容	评分标准	配分	得分
1	任务完成情况	线路连接是否正确，每错一处扣 2～3 分	20 分	
		能否正确操作实训并测量、记录实验数据，每错一处扣 2～3 分	15 分	
		电路调试方法是否正确，操作是否有误	15 分	
2	团队协作	团队协作、团队沟通、团队完成情况	10 分	
3	课堂表现	主动完成课堂作业，主动回答问题	10 分	
		课堂纪律方面，上课睡觉、玩手机或其他违纪行为，每次全组扣 5 分	20 分	
4	职业素养	无安全事故和危险操作，工作台面整洁，仪器设备的使用规范合理	10 分	
5	否定项	若故意损坏、丢失物品，或出现安全事故，全组本实训为 0 分，不得参加下一次实训学习		
	总分			

获评等级及评语：（90 分以上为优，80～89 分为良，70～79 分为中，60～69 分为合格，60 分以下为不合格）

教师签名：
年　月　日

项目六 湿度与气体成分测量

任务一 湿度传感器及应用

任务名称		任务编号	
姓名		实施日期	
小组成员		总成绩	

【任务描述】

农业生产中，各地建立了越来越多的新型温室大棚，种植蔬菜、花卉等；养殖业对环境湿度的测控也日感迫切，对于空气的测量技术的需求也越来越大。本实训任务将进一步了解湿度传感器的工作原理。

【任务目的】

了解湿敏传感器的原理及应用范围。

【任务准备】

湿敏传感器、湿敏座、干燥剂（自备）、棉球（自备）。

【任务实施】

1）湿敏传感器实验装置如图 6-1 所示，红色接线端接 +5V 电源，黑色接线端接地，蓝色接线端和黑色接线端分别接频率 / 转速表输入端，频率 / 转速表选择频率挡，记下此时频率 / 转速表的读数。

2）将湿棉球放入湿敏腔内，并插上湿敏传感器探头，观察频率 / 转速表的变化。

3）取出湿棉球，待直流电压表示值下降回复到原示值时，在干湿腔内部放入部分干燥剂，同样将湿度传感器置于湿敏腔孔上，观察直流电压表示值变化。

4）图 6-2 为湿敏传感器湿度测量实物接线图，把湿棉球放入下面圆盘的圆孔中，实验台的频率 / 转速表就会指示读数。

【任务总结】

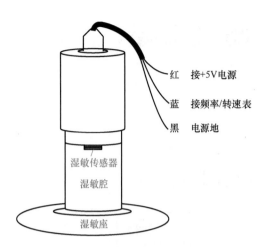

红　接+5V电源

蓝　接频率/转速表

黑　电源地

湿敏传感器

湿敏腔

湿敏座

图 6-1　湿敏传感器实验装置

图 6-2　湿敏传感器湿度测量实物接线图

【任务评价】

序号	考核内容	评分标准	配分	得分
1	任务完成情况	线路连接是否正确，每错一处扣 2～3 分	20 分	
		能否正确操作实训并测量、记录实验数据，每错一处扣 2～3 分	15 分	
		线路调试方法是否正确，操作是否有误	15 分	
2	团队协作	团队协作、团队沟通、团队完成情况	10 分	
3	课堂表现	主动完成课堂作业，主动回答问题	10 分	
		课堂纪律方面，上课睡觉、玩手机或其他违纪行为，每次全组扣 5 分	20 分	
4	职业素养	无安全事故和危险操作，工作台面整洁，仪器设备的使用规范合理	10 分	
5	否定项	若故意损坏、丢失物品，或出现安全事故，全组本实训为 0 分，不得参加下一次实训学习		
	总分			

获评等级及评语：（90 分以上为优，80～89 分为良，70～79 分为中，60～69 分为合格，60 分以下为不合格）

教师签名：

年　月　日

任务二　气敏传感器及应用

任务名称		任务编号	
姓名		实施日期	
小组成员		总成绩	

【任务描述】

气敏传感器使用时暴露在各种成分的气体中，由于检测现场温度、湿度的变化很大，又存在大量粉尘和油雾等，所以其工作条件较恶劣，而且气体对传感元件的材料会产生化学反应物，附着在元件表面，往往会使其性能变差。本实训任务通过酒精浓度实验进一步了解气敏传感器的工作原理。

【任务目的】

了解气敏传感器的原理及应用。

【任务准备】

气敏传感器、酒精（自备）、棉球（自备）、差动变压器实验模块。

【任务实施】

1）将气敏传感器夹持在差动变压器实验模块的传感器固定支架上。

2）按图 6-3 连接气敏传感器，红色接线端接 0～5V 电压加热，黑色接线端接地；电压输出选择 ±10V，黄色接线端接 +10V 电压、蓝色接线端接 RP_1、RP_2 上端。

3）打开主控台总电源，预热 1min。

4）用浸透酒精的小棉球靠近传感器，并吹 2 次气，使酒精挥发进入传感器金属网内，观察直流电压表读数变化。

5）酒精浓度实验实物接线图如图 6-4 所示。

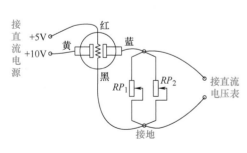

图 6-3　气敏传感器实验接线图

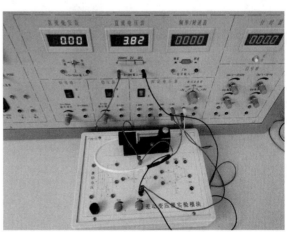

图 6-4　酒精浓度实验实物接线图

【任务总结】

【任务评价】

序号	考核内容	评分标准	配分	得分
1	任务完成情况	线路连接是否正确，每错一处扣2～3分	20分	
		能否正确操作实训并测量、记录实验数据，每错一处扣2～3分	15分	
		电路调试方法是否正确，操作是否有误	15分	
2	团队协作	团队协作、团队沟通、团队完成情况	10分	
3	课堂表现	主动完成课堂作业，主动回答问题	10分	
		课堂纪律方面，上课睡觉、玩手机或其他违纪行为，每次全组扣5分	20分	
4	职业素养	无安全事故和危险操作，工作台面整洁，仪器设备的使用规范合理	10分	
5	否定项	若故意损坏、丢失物品，或出现安全事故，全组本实训为0分，不得参加下一次实训学习		
	总分			

获评等级及评语：（90分以上为优，80～89分为良，70～79分为中，60～69分为合格，60分以下为不合格）

教师签名：
年　月　日